画给孩子的自然通识课

鸟儿，飞得好高好远啊

童心　编绘

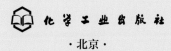
化学工业出版社

·北京·

图书在版编目（CIP）数据

鸟儿，飞得好高好远啊 / 童心编绘 . —北京：化学
工业出版社，2024.6
（画给孩子的自然通识课）
ISBN 978-7-122-45538-3

Ⅰ.①鸟… Ⅱ.①童… Ⅲ.①鸟类－儿童读物 Ⅳ.
① Q959.7-49

中国国家版本馆 CIP 数据核字（2024）第 086580 号

NIAOER，FEI DE HAOGAO HAOYUAN A

鸟儿，飞得好高好远啊

责任编辑：隋权玲　　　　　　　　　　装帧设计：宁静静
责任校对：王鹏飞

出版发行：化学工业出版社（北京市东城区青年湖南街 13 号　邮政编码 100011）
印　　装：北京宝隆世纪印刷有限公司
880mm×1230mm　1/24　印张 2　字数 20 千字　2024 年 7 月北京第 1 版第 1 次印刷

购书咨询：010-64518888　　　　　　　售后服务：010-64518899
网　　址：http://www.cip.com.cn
凡购买本书，如有缺损质量问题，本社销售中心负责调换。

定　　价：16.80 元

前言

　　鸟儿是拥有五彩羽毛的精灵，它们翱翔在广阔的天空，用灵活的身姿和婉转动听的歌声为世界增添色彩，使世界变得更加精彩灿烂、充满生机。除了供人欣赏外，鸟儿还是森林的卫士，对农田、树木和大自然有着重要的作用。

　　本书用形象生动的画面、简洁有趣的语言，带领小朋友们走入充满活力的鸟类世界，去触摸布满斑点的鸟蛋，去揭示羽毛防寒的奥秘，去欣赏繁殖季节雄鸟热情的舞蹈，去观察鹦鹉如何模仿人声，去参观羽绒加工厂，看看鸭绒鹅绒是如何被加工成羽绒服的……在鸟儿们乖巧可爱的外表下，有许多你未曾了解的事情还在等待你的探索呢。

目 录

1　什么是鸟

2　鸟为什么会飞

3　鸟类的祖先

4　最古老的鸟有哪些

5　庞大的鸟类家族

6　鸟类的栖息地

7　奇形怪状的鸟喙

8　脚爪

9　不会飞的鸟

10　鸟类冠军

12　丰盛的宴会

14　三种生活习性

15　鸟为什么要迁徙

16　鸟类的捕食技巧

18　聪明绝顶的乌鸦

20　独特的降落

21　揭秘鸟类的"大脑"

22　变装术——换羽

24　色彩缤纷的羽衣

25　聆听鸟儿的鸣叫

26　你不知道的鸟类秘密

28　怎样训练八哥说话

29　善歌、好斗的画眉

30　聪明的鹦鹉王国

31　象征和平的鸽子

32　有趣的鸟巢

34　各种各样的鸟蛋

36　丹顶鹤是怎样孵宝宝的

37　小鸟的成长

38　见识鸟类的运动绝技

40　勇猛好斗的鸟

41　求偶奇观

42　羽毛工厂

什么是鸟

　　鸟儿是一类有羽毛、能飞翔、恒温、卵生的脊椎动物，其外形多样，声音各异，深受人们喜爱。从冰雪覆盖的两极到波涛汹涌的海洋，从茂密的森林到荒凉的沙漠，从热闹的城市到安静的庭院，在世界各地几乎都能看见鸟儿翱翔的身影。

☺ 翠鸟

鸟为什么会飞

飞翔是鸟类的一项绝技。那么，鸟儿飞翔的奥秘是什么呢？

独特的骨骼

鸟类的骨骼薄而轻，骨头内部有充满空气的腔室，身体因此变得轻盈，有利于飞行。

"双重呼吸"法

大多数鸟类的肺呈海绵状，连接着9个气囊。在飞翔时，鸟儿通过鼻孔吸气，一部分空气直接进入肺部进行气体交换，另一部分空气先进入气囊，再经过肺排出，这种"双重呼吸"法使鸟儿在飞行时不会缺氧。

光滑的羽毛

鸟类的身体外面覆盖着一层羽毛，这减小了它们在空气中运动时受到的阻力，从而增强了飞行能力。

虽然鸟儿都拥有翅膀和羽毛，但有的鸟儿只能盘旋低飞、滑翔，甚至根本飞不起来。

鸟类的祖先

许多科学家相信，鸟类与恐龙之间存在紧密的演化关系，恐龙可能是鸟类的"祖先"。那么，恐龙究竟是怎么从爬行动物演化成飞行动物的呢？

❹ 又过了许多年，鸟的体型越来越小，尾羽逐渐变短，翼爪也消失了，最后进化成了现代鸟类的形态。

❸ 大约1.5亿年前，始祖鸟出现了。它是介于恐龙和鸟类之间的过渡物种，它的羽翼与现代鸟类的很像，在空气的托浮下可以飞翔。

❷ 后来，这些具有羽毛特征的恐龙在陆地上跳跃着追捕猎物。慢慢地，它们的前肢变得强健，还进化出了用于飞行的大羽毛。

❶ 很久以前，恐龙家族中的一些小型食肉恐龙演化出了羽毛。

最古老的鸟有哪些

白垩纪晚期，鸟类开始逐渐演化成形，之后它们成功地生活在地球各处。

🐾 鱼鸟化石

鱼鸟 🐾

鱼鸟没有长尾巴，翅膀顶端也没有爪子。除了喙嘴里有一排尖利的牙齿外，其他和现在的海鸟非常相似。

🐾 黄昏鸟化石

← 黄昏鸟

黄昏鸟是一种潜水鸟，在陆地上笨拙而迟缓，可一旦潜入水中，它们立刻变得敏捷而灵活。

始祖鸟

始祖鸟是最有名气的史前鸟类之一，大小像乌鸦，腿细长，有长尾羽，翅膀顶端长着三个爪子，用来攀援。始祖鸟像今天的鸟类一样生蛋和孵卵。

始祖鸟化石 🐾

庞大的鸟类家族

突胸总目

这类鸟两翼发达，善于飞翔，绝大多数鸟都属于这个总目。

鸟类是地球上种类仅次于鱼类的动物。全世界有9000多种鸟，大概可以分为三类。

企鹅总目

这类鸟不会飞翔，是善于游泳和潜水的海洋鸟类，比如企鹅。

平胸总目

这类鸟不能飞，体型高大，奔走迅速，比如鸵鸟。

鸟类的栖息地

每种鸟儿都有适合自己的栖息地，那里气候适宜、食物丰富，还能很好地躲避天敌。

太阳鸟、犀鹟、双角犀鸟、鸡鹑

松鸡、斑百灵、勺鸡、太平鸟 ②

③

大雁、灰鹤、苍鹭、天鹅

④

乌鸦、喜鹊、麻雀、燕子

①

金雕、秃鹫、蓝马鸡、游隼、红腹角雉

① 有些鸟不怕人类，生活在人类周围。

森林里温暖潮湿，有丰富的植物和昆虫，是许多鸟儿的理想居所。

雨林里终年炎热湿润，是世界上最富饶的鸟类栖息地。

④ 沼泽地里生活着许多以小鱼、小虾为食的鸟。

⑤ 高山和荒原地带凉爽而干燥，游隼喜欢栖息在极高的山顶，在山脚下的草地上空捕猎。

⑥ 由于沙漠、灌木丛和草原炎热而干燥，很少有鸟在那里栖息。

⑦ 海洋、峭壁和海岸等靠近海边的地方，作为栖息地有丰富的食物。

⑧ 极地和冻原上有多种鸟类生活，但只有企鹅一年四季生活在那里。夏季时，一些候鸟会来这里生儿育女。

⑧

企鹅、绒鸭、长鼻鸬鹚、雷鸟

燕鸥、海鸥、蓝脚鲣鸟

⑦

毛腿沙鸡、石鸡、鸸鹋

奇形怪状的鸟喙

喙，就是鸟的嘴巴。因为吃的食物和方法不同，鸟喙的形状也千差万别。

两用的喙

鹦鹉的喙很像坚果钳，可以咬开坚硬的果壳，把果实中柔软的部分挖出来。

巨大的喙

巨嘴鸟的喙发达有力，就像一把大铡刀。

钩状喙

猫头鹰的喙呈钩状，强而有力，可以将猎物撕成碎块。

网兜状的喙

鹈鹕的喙有一个大大的皮囊，看起来就像一个大网兜，可以把鱼网住。

柔软的喙

鸵鸟的喙很柔软，这不仅更方便捕食，还能在繁殖期翻动鸵鸟蛋。

细长的喙

麻鹬的喙可长到15厘米长，又硬又细又长，就像一根粗铁丝。

反向旁曲的喙

反嘴鹬的喙又细又长，前端向上弯曲。

脚爪

无论是觅食、休息还是搏斗，鸟儿都要依靠双脚。为了适应不同的生活环境，不同鸟进化出了不同的脚爪。

适合蹚水行走的爪

鞍嘴鹳的脚趾很长，没有蹼，适合在沼泽和浅水滩涂里蹚水行走。

适合沙漠行走的爪

鸵鸟的脚有两个脚趾，而且有很厚的脚掌，非常适合在沙漠里疾走。

适合爬树的爪

啄木鸟、杜鹃、鹦鹉的脚爪短而健壮，两趾向前，两趾向后，脚趾末端有尖利弯曲的爪，可以牢牢地抓住树皮。

适合在水中生活的爪

喜欢在水中生活的鸟，趾间有一片软皮，叫作蹼。这种脚不善于在陆地行走，但是非常适合游泳和潜水，比如针尾鸭的脚。

适合挖土的爪

鸡、孔雀、雉等鸟身体结实，爪尖利而弯曲，能飞快地将坚硬的土地刨开，寻找埋藏在土壤里的种子和昆虫。

不会飞的鸟

几维鸟

几维鸟生活在新西兰，不但不会飞，连翅膀都没有。

企鹅家

企鹅

企鹅不会飞翔，却是游泳高手，每小时可以游36千米。它们还会把翅膀当作桨，在冰面上快速滑行。

并不是所有的鸟都会飞翔。经过数百万年的进化，世界上有40多种鸟已丧失了飞行能力。

鸵鸟

鸵鸟虽然不会飞，却是奔跑速度最快的鸟。鸵鸟奔跑时，张开像帆一样的大翅膀，每小时可以跑80千米。

渡渡鸟

渡渡鸟曾经生活在印度洋的一座岛屿上。由于人类的捕杀和栖息地被破坏，渡渡鸟在1681年就灭绝了。

鸟类冠军

世界各地的鸟儿非常多，要想脱颖而出成为"鸟类冠军"，不仅要具备很好的身体条件，还需要有某项突出的能力。

飞行最高冠军

高山兀鹫可以飞越珠穆朗玛峰，飞行高度可以达10000米以上。

体型最小冠军

身长约5.6厘米的非洲麦粒鸟，体重仅2克。它的卵也是世界上最小的鸟卵之一。

体型最大冠军

非洲鸵鸟高2.5米，最重的可达75千克。

短跑冠军

鸵鸟虽然不会飞翔，但在沙漠中奔跑起来速度极快。

模仿冠军

湿地苇莺是最擅长模仿鸣叫的鸟，可以模仿60多种鸟的叫声。

飞行最远冠军

北极燕鸥能从南极飞到遥远的北极，飞行距离约1.76万千米。

视力冠军
苍鹰在千米以上的高空时，可以清楚地看到地上的小鸡。

飞行速度冠军
尖尾雨燕飞行速度可以达到每小时360千米，是飞得最快的鸟。

咬硬物冠军
巨嘴鸟咬核桃等硬壳果实时，那张大嘴比老虎钳还厉害。

语言冠军
非洲灰鹦鹉可以学说800多个单词。

暴脾气冠军
澳大利亚的食火鸟非常凶猛，如果你靠得太近，它们会向你发动进攻。那匕首般的爪子，能划开人的肚皮。

喙长冠军
澳大利亚鹈鹕有世界上最长的喙，长达47厘米。

潜水冠军
黑喉潜鸟凭借卓越的潜水能力和技巧被誉为鸟类中的潜水冠军。它一次潜入水中的时间可长达90~120秒，甚至更久；其潜水距离能达到400多米，表现出卓越的在水下移动能力。

丰盛的宴会

鸟类的食物范围非常广泛，它们多数是杂食性动物。不过，也有一些鸟儿非常挑食。

昆虫、陆生节肢动物

昆虫是鸟类的重要食物，大约60%的鸟吃昆虫。

绿藻、硅藻等浮游生物及其他有机物

适合生活在草原、半荒漠的猛禽的食物，比如游隼、灰背隼。

蛇、鸟类、蝙蝠、大型昆虫

游隼

麻雀

鸟类一天要吃许多食物，它们的消化能力也很强，只需1小时就能把食物排泄出去。

红树的嫩叶、花

水果、草本植物

少数鸟类以植物为食。雁鸭吃陆生草本植物，麝雉吃红树的叶、花和果实。

植物细小的种子、大坚果、果核

当昆虫和其他食物缺乏时，种子成为鸟类重要的食物。

鱼，乌贼、海螺等软体动物，甲壳动物

适合秃鹫、长腿鹰等能在高空翱翔的鸟类捕食的食物。

长腿鹰

小型动物、动物尸体

花蜜、花粉

交嘴雀

交嘴雀专门吃针叶树的种子。它的上下喙呈交叉状，可以轻巧地把松果的鳞片分开，接着伸入舌头取食种子。

海燕

海燕的食物包括鱼类、浮游生物、软体动物等，也吃漂浮在水面上的鲸鱼的排泄物。

信天翁

信天翁的主要食物包括鱼类、头足类动物和甲壳类动物，此外，它们也会吃海轮抛弃的残羹剩饭。

口
食管
嗉囊
肌胃
肝
腺胃
小肠
直肠
泄殖腔

☺ 鸽子消化系统示意图

鸟类的胃

现代鸟类没有牙齿，消化食物只能靠强健的胃，它们的胃由腺胃和肌胃组成。

❶ 腺胃也叫前胃，胃壁很厚，能分泌大量消化液。
❷ 肌胃也叫砂囊，由坚实的肌肉构成，有一层黄色角质膜，还存有砂石，可以磨碎食物。

三种生活习性

有的鸟一年四季都能看见，有的鸟在秋季到来时就消失不见了，还有的鸟经常更换住所。这就是鸟类的迁徙习性。根据这种习性，鸟被分为三大类。

留鸟

一年内在同一个地方生活，不迁徙，如乌鸦、喜鹊、麻雀等。

漂泊鸟

漂泊鸟没有固定的栖息住所，总是随着食物的变化，在同一个地区不停地搬家，比如啄木鸟和山斑鸠，它们夏天生活在山林中，冬天就搬迁到野地里觅食和越冬。

候鸟

这类鸟随着季节变化而迁徙。在中国，它们秋季从北方飞往南方越冬，春季再从南方飞回北方繁殖，如家燕、大雁、野鸭、天鹅等。

鸟为什么要迁徙

秋天，许多鸟儿都会成群结队地从北方飞往温暖的南方过冬，春天再从南方飞回北方，这就是迁徙。

季节变换带来的食物问题

随着秋冬季节的到来，北方天气越来越冷，植物枯萎，许多昆虫停止活动或死亡。食物减少，鸟儿们只好迁徙到食物相对丰富的南方生活。

识途的本领

科学家认为，在白天迁徙的鸟儿靠太阳定位，在夜晚迁徙的鸟儿靠星空定位。另外，鸟类的某些感官，如磁感，也可能在迁徙过程中起到导航作用。

鸟类的捕食技巧

虽然鸟类的食物非常丰富，可许多鸟儿还是要为生活奔波。它们绞尽脑汁地想出各种捕食技巧，每种鸟儿的捕食方法，都充满了智慧。

蜂虎

短趾鹰

山雀

诱敌进攻

短趾鹰在捕蛇前，会在蛇的周围跳来跳去，对蛇进行骚扰，并不断用翅膀抽打蛇，使蛇一次次发动进攻，直到蛇精疲力竭后再进行捕食。

去除毒腺

蜂虎和伯劳在捕捉到有螯刺或者有毒的昆虫后，会先把螯刺和毒腺去除，然后再食用。

黄秃鹫

穿肚找食

黄秃鹫的颈部特别长，它们能把脑袋深深地插入动物尸体内，以吃到深层的肉。

探食

琵嘴鸭把身体潜入水中，张开上下喙，一旦发现食物就迅速用喙捕捉，并可能用舌头取食。

琵嘴鸭

凿木取食

啄木鸟的喙呈凿状，能够用力敲击树木，并将藏在树皮里的昆虫震出来。

黄鹂

伺机捕食

黄鹂有强健的喙。它们常常停在树枝上，一旦有昆虫飞过，便迅速飞起将昆虫捕获。

老鹰

奔跑

蛇鹫能在地面迅速奔跑，利用速度和力量捕食蜥蜴和小型哺乳动物等。

啄木鸟

蛇鹫

用爪捕食

猛禽老鹰在空中飞行时，一旦发现小鸟或小型动物，就迅速冲猎物飞过去，用强劲有力的爪子把猎物抓住。

打开果壳

山雀在吃坚果时，会用爪子紧紧抓握住果实，用喙把外壳打开，吃里面的果仁。

火烈鸟

过滤法

火烈鸟以水中的小颗粒物为食，它们可以巧妙地将泥沙和水过滤出去，只把食物留在嘴巴里。

蛇鹈

"鱼叉式"捕食

蛇鹈的喙长而尖锐，形状类似矛头。潜入水中的蛇鹈发现鱼儿后，用喙尖"鱼叉"式刺穿鱼体，然后快速上浮，将猎物带到水面或直接吞食。

聪明绝顶的乌鸦

乌鸦因为有一身黑色的羽毛，并不受人们的喜爱。不过，它却非常聪明，在鸟类中智商表现出色。

会使用"计谋"

乌鸦会把核桃扔在马路上，等汽车将壳压碎后，再去啄食壳里的果肉。

在狗吃东西时，乌鸦群会先派遣几只乌鸦飞过去，使劲啄狗的屁股，等狗反身攻击时，伺机等待的其他乌鸦便迅速飞过去，将狗的食物抢走。

使用工具

居住在太平洋岛的新喀里多尼亚乌鸦非比寻常，它们会使用工具。它们会衔来一根完整的树枝，把小枝弄掉，再把树枝的末端磨尖，制成钩子，从树皮和树洞中钩出小虫子吃。

乌鸦

猎隼

制造假象

乌鸦在遇到危险来不及逃跑时，会假装中毒死亡，使捕食者懊恼地离开。

老鹰

乌鸦为何在鸟类中表现出如此出色的智商？

鹌鹑

在空中，有很多顶级掠食者，例如游隼和老鹰。在陆地，有很多鸟有极强的生存能力，例如鹌鹑和鸵鸟。但不论空中还是陆地，乌鸦的智商都极为出色。乌鸦拥有较大的脑容量，还有极强的认知能力、学习适应能力、解决问题的能力、使用工具的技能以及群体性智慧。

鸵鸟

① 一只灰雁朝目的地快速地飞去。

灰雁为什么要翻转身体下降呢？

在无风或风小的时候，灰雁也会像其他鸟儿那样面朝下降落。但是在大风天气里，翅膀受到风的阻力，无法快速下降。于是，灰雁翻转身体，让空气跑到翅膀外面，从而减小阻力。

② 在强风下，灰雁开始准备转动身体，减速下降。

③ 灰雁猛地翻转过来，身体朝上，脖子旋转180度，呈现出奇怪的下降姿势。

④ 灰雁安全地飞落在水面。

揭秘鸟类的"大脑"

鸟类是一种非常聪明、智商很高的动物。

鸽子

鸽子能记住700多种不同的视觉模式。

非洲灰鹦鹉不仅能认识数字，还能分辨颜色。

小夜莺

小夜莺会使用自己的左半部大脑，模仿婴儿的哭声。

鸟类的大脑

鸟类的大脑构造十分复杂，它们的神经组织与哺乳动物的非常接近，远比人们想象的聪明。

发达的纹状体是鸟脑的主要部分，控制着鸟儿的各种活动。

鸟类中脑的侧突，即视叶，形成一个视觉联系装置，可确保鸟儿及时准确地对观察情况做出反应。

啄木鸟幼鸟

犀鸟

啄木鸟成鸟

丹顶鹤

变装术——换羽

换羽是鸟儿的生长规律，春季换羽，更换的新羽叫夏羽；秋季换羽，更换的新羽叫冬羽。换羽后，羽毛形状、大小和颜色常常会发生改变。

雷鸟（夏季）

鸟儿为什么要换羽？

鸟儿换羽并不是为了赶时髦，而是受气候、光照、食物、迁徙、繁殖等诸多因素影响的结果。只有换羽，才能更好地适应环境，保护自己。

金头扇尾莺
（夏季）

新旧羽毛是怎么更换的？

1. 羽柄从下脐处整个从羽囊中脱出。
2. 新羽从羽囊深部的新羽乳头处生出。
3. 血液供给新羽营养。
4. 羽毛基部包在羽鞘内，羽枝没有散开，羽轴柔软脆弱。
5. 新羽脱鞘后，逐渐散开，成为新的羽毛。

雷鸟

企鹅

企鹅

企鹅的换羽方式很简单，脱去全身羽毛，在羽堆中生活14～22天。

金头扇尾莺

金头扇尾莺在夏季换羽时，尾羽变短；冬季换羽时，尾羽变长。

雷鸟

雷鸟随着季节换羽。春天，雷鸟换上棕黄色的羽毛，与冻原地带的植被颜色相似；盛夏，雷鸟的羽毛变成栗褐色；深秋，雷鸟换上了带黑斑点的棕色羽衣；严冬，雷鸟又换上一身白色"冬衣"。

犀鸟

在繁殖季节，雌犀鸟一边孵化小宝宝，一边把全身上下的羽毛脱得光溜溜，让新的羽毛长出。

啄木鸟

啄木鸟在幼鸟时，飞羽长而宽，成鸟换羽后，飞羽变得短而窄。

金头扇尾莺
（冬季）

丹顶鹤

丹顶鹤换羽时，飞羽也会脱落，它们只好躲进芦苇沼泽地，防止敌人偷袭，大约一个半月后才能再次起飞。

色彩缤纷的羽衣

几乎所有种类的鸟儿都有自己独特的羽衣，主要有三个原因。

色素

把一根红色的羽毛研磨成粉末，粉末会保持原有的红色。这种羽毛的颜色来源于鸟儿体内的色素。

结构色

从小水鸭身上拔下一根绿色的羽毛，研成的粉末却是黄色的；而绚丽的蓝色羽毛，研成粉末后变成了棕色。这种羽毛的颜色是羽毛的结构与光的相互作用产生的。

色素沉积

鸟儿体内关键的色素成分主要有两种，即黑色素和类胡萝卜素，它们通过植物的根茎、种子、花朵和果实进入鸟的体内。

主红雀

主红雀的羽色

北美有一种灌木叫狗木，秋季时会结出鲜红色的果子。主红雀吃了这种果子后，果子中的色素可能经过代谢过程后，参与羽毛色素的沉积，所以，主红雀有一身艳丽的红衣服。

把主红雀关在笼子里，喂给它不含色素的食物，经过几次换毛，那夺目的红色就会渐渐消退。

翠鸟

翠鸟紧贴水面飞行时，会发出清脆响亮的"啾——啾——"声。

天鹅

天鹅的叫声深沉、悠扬，常被描述为"ho——ho——"，类似于喇叭或圆号的声音。这种叫声在宁静的水域上空回荡时尤为引人注意。

鸢

黄昏时，鸢常常发出"咕——咕——"的叫声，这通常是它们的日常交流或领地宣告。

聆听鸟儿的鸣叫

鸟类多种多样，鸣叫声也各不相同。通过听声音，我们就能大致判断这是哪种鸟。

杜鹃鸟

杜鹃鸟的叫声为"布谷！布谷"，所以它又被称为布谷鸟。

东非冕鹤

东非冕鹤的发声有一定的时间性。它们只有在黎明和子夜时分鸣叫，其声音轻柔舒缓，清脆动人。当地村民常常通过它们的叫声来判断时间。

戴胜鸟

戴胜鸟的鸣声非常特别，"扑——扑——"，粗壮而低沉。在鸣叫时，戴胜鸟的羽冠会随着声音而耸起、落下，有节奏地一起一伏。

你不知道的鸟类秘密

鸟类，作为大自然中的精灵，自身蕴藏着诸多令人着迷的秘密。从它们独特的生理结构到卓越的适应性，无不体现了鸟类作为生命体的奇妙之处。这些秘密不仅丰富了我们对鸟类世界的认识，也展现了生物多样性和适应性的奇妙之处。

雄园丁鸟为什么喜欢舞蹈呢？

雄园丁鸟通过跳舞来吸引雌园丁鸟的注意，每当看见雌园丁鸟就会跳起舞来。如果雌园丁鸟不敏感，雄园丁鸟就会更加兴奋，不时变换着舞步，跳出绚丽的求婚舞。

秃鹫为什么裸露着头部和颈部的皮肤？

秃鹫的头部和颈部裸露无羽，这种特殊的生理结构是为了适应其食腐生活方式而进化来的。裸露皮肤有效避免了进食中羽毛沾染血液、油脂及腐败物，易于清洁，维护了头部和颈部卫生，减少了感染风险。

企鹅的脚为什么没有羽毛？

企鹅脚部特化的无羽毛结构，高度适应极端生存环境与独特行为模式。企鹅脚部皮肤厚实、血管密集，有效减缓了热量散发；其逆流热交换系统高效运作，在动脉血流向脚部前与静脉血交换热量，显著减少了热量流失至脚部，确保极寒中体温的稳定。同时，脚部裸露无羽，减小水下摩擦力，显著增强了企鹅游泳与潜水的灵活度和效率。

为什么鹦鹉会说话？

鹦鹉会说话的秘密在于它特殊的生理构造——鸣管和舌头。鹦鹉的鸣管与人类的声带构造很相近。鹦鹉的舌头发达，形状也与人的舌头非常相似。此外，鹦鹉还具备强大的学习能力和记忆力。有了这些优越的条件，鹦鹉才能模仿人语。

麻雀为什么不怕电线？

麻雀只站在一根电线上，两脚之间距离很近，压差很小，产生的电流很微弱。

笑翠鸟会笑吗？

笑翠鸟得名的原因就是其叫声类似人类的笑声，并且它们常在凌晨或日落时鸣叫，因此称为"林中居民的时钟"。

鸵鸟是胆小鬼吗？

鸵鸟常常会将脖子贴在地面上，因此人们认为鸵鸟非常胆小。其实，鸵鸟把脖子贴于地面，是为了听到远处的声音，一旦发现敌人就可以提前逃跑避开危险。

为什么说牙签鸟是鳄鱼的警卫员？

牙签鸟的感觉器官十分灵敏。当它们在鳄鱼嘴里清理残渣或站在鳄鱼背上啄食小虫时，一旦发现敌情就会立即惊叫着飞走。这时鳄鱼会迅速爬回水塘，钻进水里躲避敌害。

怎样训练八哥说话

① 挑选：雌八哥比雄八哥更擅长模仿，尤其是嘴玉白色、脚橙黄色的八哥更聪明。

② 环境：每天早晨空腹时，找一个僻静的地方训练八哥说话，这样可以使八哥集中精力，学得更快。

③ 训练：主人和八哥在屋里，客人在门外敲门，主人要对着八哥，清晰地说"请进"，客人推门进来，清晰地说"您好"，主人再对着八哥说"欢迎"。经过这样反复练习，八哥听到敲门声就会喊"请进""您好""欢迎"等话。

④ 巩固：一般来说，八哥学会一个简单词语需3～7天。但需要不断巩固，以加强它的记忆力和模仿力。

善歌、好斗的画眉

画眉是有名的"林中歌手"，雄鸟在繁殖期时尤其善鸣。画眉叫声浑厚洪亮，甚至还会模仿其他鸟的鸣叫、兽叫声等。

小家庭

画眉组成小家庭后，就会寻找合适的地方筑巢。它们的巢一般筑在茂密的草丛或灌木丛中，用枯草的叶、茎和嫩枝等编制面成。筑巢结束后，画眉的主要工作就是繁育后代了。

聪明的鹦鹉王国

学话最多的鹦鹉

非洲灰鹦鹉智商极高，擅长学话。据说，非洲灰鹦鹉一生可学会800多个单词。

寿命最长的鹦鹉

葵花凤头鹦鹉体长40～50厘米，全身雪白，它们的寿命为80～90年，是鹦鹉界当之无愧的寿星。

体型最大的鹦鹉

紫蓝金刚鹦鹉是鹦鹉家族中个头最大的，体长可达1米，体重可达1.7千克。而其鲜艳的蓝色羽毛和巨大的弯钩状喙嘴也使它们格外引人注目。

体型最小的鹦鹉

绿太平洋鹦鹉堪称体型最小的鹦鹉，一般身长7～10厘米，因而也被称为口袋鹦鹉。

据统计，全世界有几百种鹦鹉，但原产于我国的鹦鹉只有7种。

象征和平的鸽子

鸽子不管飞到哪里，离家多远，不论白天还是黑夜，总能找到回家的路。对于这种天生的"导航"能力，人们至今还在研究。

鸽子是"一夫一妻"制的鸟。在孵化宝宝时，雌鸽在夜间孵卵，雄鸽在白天孵卵，直到宝宝出生。

鸽子对主人忠心耿耿，一般不会违背主人的命令，也不会轻易离开主人。

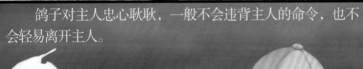

鸽子为什么喜欢吃石子？

为了促进消化，鸽子会吃些小石子，贮存在胃腔内。通过胃壁肌肉的收缩，石子和食物互相摩擦，直到把食物磨碎。所以，石子相当于鸽子的"牙齿"，起着磨碎食物的作用。

许多鸟儿都用嫩枝筑巢，但棕灶鸟却用泥土和排泄物在高高的树枝上建造像碗一样的巢穴。

← 长尾山雀的巢由蜘蛛网、苔藓和动物皮毛制成，复杂、精致又暖和。

东蓝鸲常常选择树洞作为自己的巢穴。

有趣的鸟巢

苍头燕雀用树枝、苔藓、杂草做成像杯子一样的巢穴。

缝叶莺用自己尖尖的喙当"针"，用细草茎、蜘蛛丝或野蚕丝作"线"，缝制自己的巢穴。

歌鸫的巢与众不同，它们用细枝和草做成杯状外层，里面敷着一层泥土，当泥土干燥后，巢穴就变得非常坚硬。

鸟类是技艺高超的建筑师，它们的巢大都非常精巧。

32

织布鸟建造的是一种纺织巢，悬吊在树枝上。这种巢穴由草茎和叶构成，外面裹着动物的毛发，里面铺着柔软的羽毛、兽毛。

春天，燕子衔来湿泥、稻草、草根等，和着自己的唾液，堆砌出碗形或花瓶形的巢。

蜂鸟的巢只有顶针大小，像个酒杯。

红尾鸲会收集其他鸟脱落的羽毛筑巢。羽毛是一种天然的保温材料，因此"羽毛巢"非常温暖。

各种各样的鸟蛋

全世界有9000多种鸟，它们的蛋大小不一，形状不同，颜色各异。

黄中透红的大雁蛋

翠绿色的白鹭蛋

像红宝石的短翅树莺蛋

天蓝色的喜鹊蛋

蛋壳上的斑点或复杂图案，是一种保护机制，被称为"拟态"或"迷彩"。它们可以帮助蛋融入周围环境，比如草地、落叶堆或是石砾中，减少被捕食者发现的风险，从而提高幼崽在自然界中的生存概率。

在旷野里筑巢的鸟的蛋，常常有斑点、花纹、条纹等。这些斑纹是一种保护色，能迷惑敌人，避免蛋被吃掉。

在洞穴内筑巢的鸟的蛋常常为白色，这是因为它们的住所非常隐蔽，通过视觉来隐藏蛋的需求较弱。

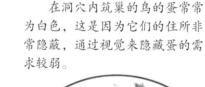

蛋的形状

椭圆形蛋——乌鸦等绝大多数鸟的蛋呈一头大、一头小的椭圆形。

球形蛋——啄木鸟、猫头鹰、翠鸟等的蛋呈球形。

陀螺形蛋——燕鸥、三趾鸥等的蛋呈陀螺形。

乌鸦蛋

猫头鹰蛋

燕鸥蛋

每窝产蛋最多的鸟

灰山鹑每窝产15～19枚蛋。

产蛋最少的鸟

信天翁每年只产1枚蛋，是产蛋最少的鸟之一。

信天翁蛋

蜂鸟蛋是世界上最小的鸟蛋之一，其重量也很轻，平均在0.4~1.4克之间。小小的蜂鸟蛋看上去相当于绿豆那么大。

鸵鸟蛋是世界上最大的鸟蛋，约重1～1.5千克。

丹顶鹤是怎样孵宝宝的

丹顶鹤雅致漂亮，雍容高贵，是世界上最珍贵的鸟类之一。

❶ 春季，丹顶鹤夫妇在沼泽地的隐蔽处建筑巢穴。

❷ 雌丹顶鹤产下1~2枚蛋。

❸ 雌丹顶鹤和雄丹顶鹤轮流孵宝宝。

❹ 它们每隔半小时至1小时，翻动1次蛋，使蛋的温度保持均匀，同时调换趴窝的方向。

❺ 大约30~33天后，小丹顶鹤破壳而出。

❻ 鹤妈妈带着小鹤觅食，鹤爸爸跟在一旁保护。

❼ 冬天快要来了，鹤群飞往南方过冬。

❽ 第二年春天，鹤群又飞回来了。经过一次越冬考验的小鹤便开始独自生活了。

小鸟的成长

一些小型鸟孵出来后，要到第二年春天才能长大，而那些大型鸟常常需要好几年。

巢寄生的杜鹃鸟

每年繁殖期，杜鹃雌鸟就会飞出去寻找寄生巢。之后它把蛋产在自己找到的知更鸟、苇莺等鸟的巢穴里，有时，杜鹃雌鸟在产卵时可能会移走寄主巢中的一枚卵，让这些鸟代替自己孵化、照顾杜鹃宝宝。被孵化大约3~4周后，寄生的杜鹃鸟长大能独立生活了，就飞走再也不回来了。

细心的父母

小军舰鸟出生时非常瘦弱。军舰鸟夫妇找到食物后，经常是先在自己的嗉囊中进行半消化，然后再吐出来喂给宝宝。

贪吃的孩子

鸬鹚鸟的宝宝食量大得惊人，一天内要吃掉跟自己体重的20%~40%一样重的食物，甚至更多。

海上漂泊

当小信天翁羽翼丰满能够独立生活时，它会被父母鼓励或"迫使"离开巢穴，开始海上漂泊。它要独自学习如何有效地飞行、捕食和在广阔的海洋中导航等。

知冷知热

白鹳很爱护后代。天冷时，它就让宝宝们躲在自己翅膀下面；天气暖和时，它会把宝宝们衔到草地上。

飞行方阵

大雁在天空中飞行时，会排成"一"字形、"人"字形。

鸟类的飞行本领各具千秋，包括悬飞、翱翔和滑翔等。不同的运动方式是由每种鸟的身体结构决定的。

见识鸟类的运动绝技

"V"字形队伍

鹈鹕常常排成"V"字形队伍一同起飞，同时拍打着翅膀。

助跑起飞

天鹅身体很重，起飞时会用脚不断地划水，拍打着翅膀在水面奔跑，以帮助起飞

低空飞行

翠鸟搜寻猎物时，紧贴水面直线飞行，时速可以达到120千米。另外，翠鸟还能在1秒钟内将水中的鱼抓住。

倒立觅食

反嘴鹬常在水中站立行走觅食。当水太深时，它们会像鸭子一样头扎入水中、尾巴朝上，"倒立"着觅食水底的植物和昆虫等。

悬空停飞

红隼飞行时需要快速拍打翅膀。当它们需要细细观察猎物时，就悬停在空中，有时可以长达半个小时。

倒退飞行

所有鸟类中，只有蜂鸟具有倒退飞行的绝技。它们倒退着飞行，以调整自己与食物的距离。

散步

鸽子行走时，双腿前后交错，落地步行。

螺旋前进

旋木雀在树上行走时，围绕着树干一圈一圈地往上爬，好像人走在盘山公路上。

知更鸟

知更鸟被称为"上帝之鸟"，它们对于自己的领地总是奋力保卫，不容侵犯。知更鸟每天在领地内不断巡视，同时发出悦耳的鸣叫声。

勇猛好斗的鸟

许多鸟儿都很勇敢、聪明，甚至敢和大型的哺乳动物战斗，令人刮目相看。

← 大兀鹰

大兀鹰长约1.5米，两翼展开可达4米，是大型猛禽之一，它们敢与美洲狮、美洲虎较量。

食火鸡

食火鸡凶猛暴躁。遇到危险，它们会立即用那有力的长爪毫不客气地攻击对手。

褐翅鸦鹃

褐翅鸦鹃是一种肉食性鸟类，主要以各种昆虫和小型动物为食。它们具有一定的攻击性，尤其是在繁殖期间和保护自己的领地时。当感受到威胁或领地受到侵犯时，它们会展示出强烈的保护欲望，并攻击入侵者。

燕鸥

求偶奇观

每当温暖的春季来临，鸟儿们便忙碌地寻找配偶，准备生儿育女。雄鸟通过各种方法表达爱意，以获得雌鸟的芳心。

送礼物

雄燕鸥向雌燕鸥求爱时，会先送给对方一条小鱼作为礼物。

唱歌

雄信天翁表达爱意时非常绅士，一边"咕咕"地叫着，一边不停地向心上人弯腰鞠躬。

信天翁

发送电报

雄啄木鸟在求偶时，会用自己坚硬的嘴在空心树干上有节奏地敲打，发出清脆的"笃笃"声。

展翅

雄孔雀求偶时，会展开自己美丽而色彩斑斓的尾羽，以吸引雌性的注意。

羽毛工厂

鸟儿都长着羽毛。可是你知道吗，鸟的羽毛有好几种，而且每种羽毛的作用不同，有的羽毛还可以加工成人们需要的生活用品和衣物。

绒羽

绒羽密生在正羽下面，非常蓬松，具有保暖护体的作用。

半绒羽

半绒羽生长在绒羽与正羽之间，它既有绒羽的蓬松性，又有一定硬度，帮助鸟儿在飞行时保持身体的灵活性和稳定性。

羽干

羽根

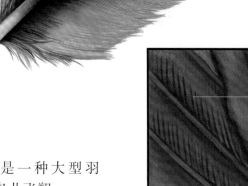

纤羽

纤羽散在正羽和绒羽之间，有细长的羽干，有触觉功能。

正羽

正羽是一种大型羽片，帮助鸟儿飞翔。

我的羽毛最少，还不到1000根。

蜂鸟

我的羽毛最长，尾羽是身体的2倍长。

天堂大丽鹃

羽枝

天鹅

我的羽毛最多，超过25000根。

羽小枝

羽小钩

我这身羽毛实在太艳丽、太耀眼了，所以人们也叫我天堂鸟。

极乐鸟

人类生活中的许多物品都是用羽毛制成的，比如羽毛球、羽毛笔、羽毛头饰等，而最常见的就是冬天时人们穿的羽绒服。